中国传统文化剪纸系列绘本

二十四节气

书童文化 著　　诗尔 绘

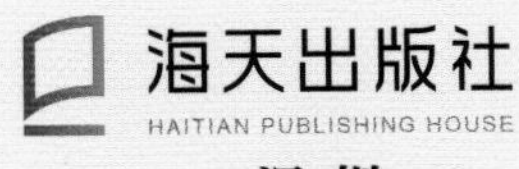
海天出版社
HAITIAN PUBLISHING HOUSE
· 深 圳 ·

图书在版编目（CIP）数据

二十四节气 / 书童文化著 ; 诗尔绘. -- 深圳 : 海天出版社, 2022. 9
（中国传统文化剪纸系列绘本）
ISBN 978-7-5507-3481-4

Ⅰ. ①二… Ⅱ. ①书… ②诗… Ⅲ. ①二十四节气－儿童读物 Ⅳ. ①P462-49

中国版本图书馆CIP数据核字(2022)第078848号

二十四节气
ERSHISI JIEQI

出 品 人　聂雄前
责任编辑　杨华妮
责任校对　叶　果
责任技编　陈洁霞
项目统筹　吴文琴
特约编辑　侯昌宇　杨振宇
装帧设计　刘宇珊　胡　聪

出版发行　海天出版社
地　　址　深圳市彩田南路海天综合大厦（518033）
网　　址　www.htph.com.cn
订购电话　0755-83460239（邮购、团购）
设计制作　深圳市书童文化发展有限公司
印　　刷　中华商务联合印刷（广东）有限公司
开　　本　889mm×1194mm　1/20
印　　张　2
字　　数　40 千字
版　　次　2022 年 9 月第 1 版
印　　次　2022 年 9 月第 1 次
定　　价　48.00 元

序

康 震

我小的时候，每次过年回到老家，总会看到窑洞的窗户上，贴满了各式各样的剪纸窗花，有小兔子、小公鸡、小喜鹊、小老虎，还有好多我叫不出名字的精彩花样，都是我奶奶用那把“神秘”的小剪刀“变”出来的杰作。红彤彤的、喜气洋洋的剪纸窗花，给我的少年时光带来无比的喜悦与欢乐，也激发起我对绘画浓厚的兴趣。

这套《中国传统文化剪纸系列绘本》，再一次唤起了我难忘的岁月记忆。它以剪纸艺术的形式，系统讲述中国的历法、节气、生肖、农事、民俗、时令等传统文化知识，色彩斑斓，引人入胜。绘本里，剪纸画面精美活泼，语言通俗易懂，还配有生动的儿歌、诗歌，的确非常适合少年儿童阅读、理解。

剪纸，是中国传统的手工艺术，凝聚着中华文明的精粹，也是人类非物质文化遗产的重要组成部分。这套书将精美的剪纸艺术与精要的传统文化内涵完美地结合在一起，无论是外在的形式，还是内在的涵义，都堪称精品。“十二时辰”“二十四节气”“十二生肖”以及华夏传统节日，蕴含着极为深厚深远的历史内涵与人文意义。以简洁的剪纸形式表达如此丰富的文化内涵，这是一个创举，一种创造。由衷地期待我们的小读者以及家长朋友能够喜爱这套精美的图书，与这套图书成为好朋友，希望家长朋友能够与您的孩子一起阅读，一起领会，也一起成长。

（康震，北京师范大学文学院教授、博士生导师；全国模范教师、教育部“长江学者”特聘教授；国家社科基金重大项目首席专家；《中国诗词大会》《经典咏流传》《百家讲坛》《朗读者》等栏目学术顾问、鉴赏嘉宾。）

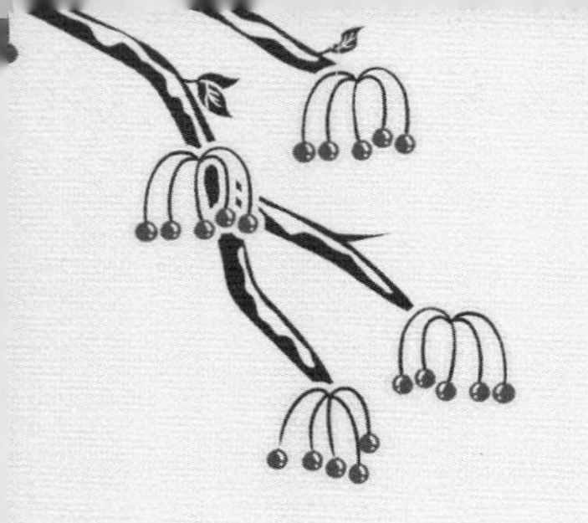

目录

春

“节气”是什么

小朋友，你知道“节气”是什么吗？你听过这首朗朗上口的《节气歌》吗？

春雨惊春清谷天，
夏满芒夏暑相连。
秋处露秋寒霜降，
冬雪雪冬小大寒。

这首歌唱的就是“节气”。别看它只有二十八个字，却把二十四节气一个不少唱了个遍。不信，我把二十四节气都列出来，你可以一一比对。春天：立春、雨水、惊蛰、春分、清明、谷雨；夏天：立夏、小满、芒种、夏至、小暑、大暑；秋天：立秋、处暑、白露、秋分、寒露、霜降；冬天：立冬、小雪、大雪、冬至、小寒、大寒。一年四季，每个季节都是六个节气，共二十四个，一个不差。除了《节气歌》，古代诗人还留下了很多有关节气的诗作。其中，唐代诗人元稹为每个节气都作了一首诗，构成了一个组诗“咏廿四气诗”，精妙细致地描绘了二十四节气的变化。

二十四节气非常有用。在我们的传统社会里，它的作用就像数学里面的乘法口诀。如果你不会乘法口诀，就

算不了乘法；如果你不知道二十四节气，就不懂如何种庄稼；如果大家都不懂如何种庄稼，那可就没东西吃了。就好比在“雨水”丰沛的时候，不抓紧播种，过时再种就晚了。赶不上恰当的时间，就是白忙活。

你可能要说了：“我又不种庄稼，就把二十四节气教给种地的人吧！”不对，二十四节气可不仅在农业上有指导意义。因为对气候变化规律的把握和总结，它还被国际气象界誉为“中国的第五大发明”！ 2016 年 11 月 30 日，二十四节气被正式列入了联合国教科文组织“人类非物质文化遗产代表作名录”。在 2022 年北京冬奥会开幕式上，以二十四节气为倒计时的节目，让全世界眼前一亮。

那么，我们该怎么认识二十四节气呢？可以先试着给它们分分类。立春、立夏、立秋、立冬说的是四季的开始。春分、夏至、秋分、冬至反映了昼夜长短的变化：在我们身处的北半球，春分到秋分昼长夜短，秋分到春分昼短夜长；夏至到冬至，白昼越来越短，冬至到夏至，白昼越来越长。小暑、大暑、处暑、白露、寒露、霜降、小寒、大寒反映了气温的转变。雨水、谷雨、小满、小雪、大雪预示了降水的趋势。芒种提醒人们种植作物。惊蛰和清明则反映了事物在当下节令的表现。

这样一看，是不是明了很多呢？当然，二十四节气还有更丰富的文化内涵，等你去发现呢！

七十二候

与二十四节气相搭配的，是“七十二候”。它是根据黄河流域的自然特征编写成的，在古代用来指导农事活动。就像孙悟空的“七十二变”，七十二候揭示着天气、环境、动物、植物随着时间推移，在一年中的变化。

七十二候，每候有五天，把世界的变化讲述得更详细了。比如雨水三候：一候，獭祭鱼——河水刚刚解冻，水獭捉到鱼后，先放到岸上观摩一番，好像是在祈祷或者祭祀；二候，候雁北——候鸟开始往北飞；三候，草木萌动——草木萌芽，焕发生机。这种生动形象的叙述，让我们看到了大自然细致入微的变化，也让我们体会到古人对自然的热爱与亲近。

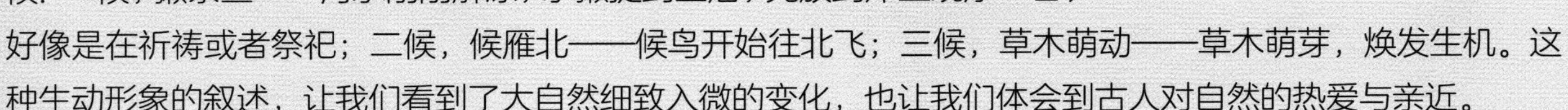

在很长一段历史时期，黄河流域的中原地区是我国的政治经济中心，是人口最密集、社会最繁荣的地方。在传统的农业社会里，没有比种植庄稼、收获粮食更重要的了。而对于庄稼的种植与粮食的收获来说，最重要的就是遵循恰当的节令。所以，农业社会的人们对节令及其反映的天气变化十分敏感。有很多关于节气的谚语表明，人们根据节气以及当时的天气来判断作物种植的时间和预估收成，比如“惊蛰春雷响，农民闲转忙”“立秋有雨样样收，立秋无雨人人忧”等。

当然，七十二候中也有一些不符合科学常识的表述。比如惊蛰三候“鹰化为鸠”，以为春天的斑鸠是秋天的老鹰变的；寒露二候“雀入大水为蛤”，以为蛤类是羽毛纹路相近的小鸟进入水里变成的；立冬三候“雉入大水为蜃”，以为蜃（蚌）是野鸡钻进水里变的。另外，在地理上，我国是一个幅员辽阔、地大物博的国家。满洲里和海南岛的气温天差地别，上海的太阳要过两三个小时才能被新疆看到。而且，今天我们有更准确的气象学来预测天气……

那么，二十四节气和七十二候还有什么意义呢？除了在农业上的经验指导以外，它们更重要的是体现了一种人与自然合而为一的生命观，让我们感受到古人亲近自然、热爱自然的精神，以及顺应自然规律和适应可持续发展的理念，最终指引我们去过一种自然、健康、和谐的生活。

立春

立春，在公历2月3日 —5日交节，是二十四节气之首。立春之后，天气回暖，万物复苏，一切从新开始。

满口都是春天的气息。

咬春

立春这天，吃春饼、生蔬菜、瓜果等食物，叫作“咬春”。

一候，东风解冻：暖风消解了大地的冰冻。

二候，蛰虫始振：藏在地下的动物从冬眠中苏醒。

三候，鱼陟负冰：水温渐暖，鱼儿向上游，在靠近水面的地方，像驮着碎冰块。

炸响春天的第一炮。

立春正月节

唐 元稹

春冬移律吕，天地换星霜。
间泮游鱼跃，和风待柳芳。
早梅迎雨水，残雪怯朝阳。
万物含新意，同欢圣日长。

呱呱，天气要变暖了啊！

雨水

雨水，在公历 2 月 18 日 — 20 日交节。降水以蒙蒙细雨为主，后逐渐增多。但即使是一点点降水，也能给大地带来生机。

习俗

川西一带，到了雨水节气，出嫁的女儿要带上礼物回家看望父母。

三候

一候，獭祭鱼：河水刚刚解冻，水獭捉到鱼后，先放到岸上观摩一番，好像是在祈祷或者祭祀。

二候，候雁北：候鸟开始往北飞。

三候，草木萌动：草木萌芽，焕发生机。

上苍保佑，鱼儿很肥！

古诗

雨水正月中

唐 元稹

雨水洗春容，平田已见龙。
祭鱼盈浦屿，归雁过山峰。
云色轻还重，风光淡又浓。
向春入二月，花色影重重。

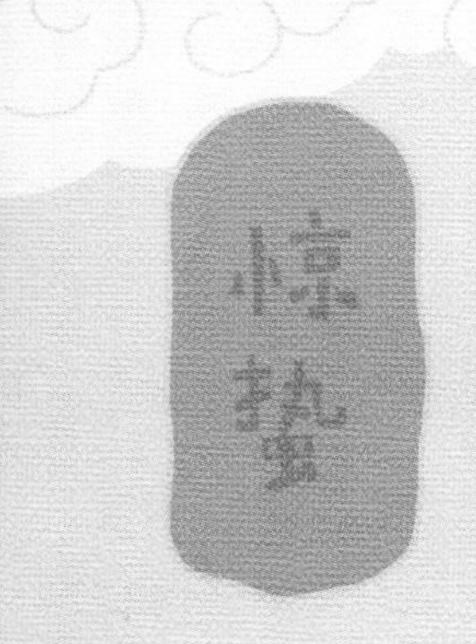

惊蛰

惊蛰，在公历 3 月 5 日 一 7 日交节。春雷乍响，惊起了藏在地下过冬的动物们。这时节，雨水增多，天气回暖，是耕种的好时候。

咚当当，
轰隆隆。

你打雷，
我下雨。

惊蛰响雷，古人以为是雷神在敲鼓，所以民间在这时蒙鼓皮。

二月二，剃龙头，剃了才有精神头。

一候，桃始华：桃树开花。

二候，鸧鹒（cāng gēng）鸣：黄鹂鸣啼。

三候，鹰化为鸠：斑鸠飞了出来，古人以为它是秋天的老鹰变的。

春雷一响万物长，得把地翻一翻，还要把害虫给除掉。

惊蛰二月节

唐 元稹

阳气初惊蛰，韶光大地周。
桃花开蜀锦，鹰老化春鸠。
时候争催迫，萌芽互（hù）矩修。
人间务生事，耕种满田畴。

春分

春分，在公历 3 月 20 日 — 22 日交节。春分日，全球昼夜等长，此后北半球昼长夜短。这时节，雨水丰沛，阳光明媚。

习俗

春分当天，昼夜等长，古代的帝王在这天祭祀太阳，仪式相当隆重。民间的孩子们喜欢在春分时玩“竖蛋”游戏。

春分也是植树的好时节。

三候

一候，玄鸟至：燕子在春分时飞回北方，筑窝繁衍，象征着吉祥。

二候，雷乃发声：云层活动，天上有了雷声。

三候，始电：春雨有时也伴随着闪电。

古诗

春分二月中

唐 元稹

二气莫交争，春分雨处行。
雨来看电影，云过听雷声。
山色连天碧，林花向日明。
梁间玄鸟语，欲似解人情。

清明

清明，在公历 4 月 4 日 — 6 日交节。清明既是自然节气，也是传统节日。这时节，万物吐故纳新，呈现出一派春和景明的气象。

吃青团
“清明时节雨纷纷”啊！
再往前走走，那边更空旷。
爹爹，快把风筝放起来吧！
祭祖

古诗

清明三月节

唐 元稹

清明来向晚，山渌（lù）正光华。
杨柳先飞絮，梧桐续放花。
鴽（rú）声知化鼠，虹影指天涯。
已识风云意，宁愁雨谷赊。

习俗

按照习俗，我们在清明这天为去世的亲人扫墓、供奉祭品，缅怀祖先。在江南地区，人们喜欢在清明节吃青团。

三候

一候，桐始华：白桐花开满山。

二候，田鼠化鴽：田鼠躲回洞穴，鴽鸟开始出来活动。

三候，虹始见：清明多雨天，所以经常能看到彩虹。

养蚕
采谷雨茶
我的篮子装不下了，给你。
你采得好快啊！
插下的是秧苗，长出的是希望！

谷雨

谷雨，在公历4月19日—21日交节，意思是“雨生百谷”。降水量明显增加，有助于田里的种子和秧苗快速成长。

谷雨时，桑树长出嫩叶，蚕卵孵化。

习俗

谷雨茶就是谷雨时节采下的春茶，是雨前茶，又叫“二春茶”。

三候

一候，萍始生：谷雨雨水丰沛，浮萍在水面上漂浮生长。

二候，鸣鸠拂羽：斑鸠一边叫着，一边拍打着翅膀。

三候，戴胜降于桑：戴胜鸟飞到黄河、长江流域，栖息在桑树上。

古诗

谷雨三月中

唐 元稹

谷雨春光晓，山川黛色青。
叶间鸣戴胜，泽水长浮萍。
暖屋生蚕蚁，喧风引麦葶。
鸣鸠徒拂羽，信矣不堪听。

立夏，在公历 5 月 5 日 — 7 日交节，标志着夏天的开始。这时节，日照时长增多，作物进入成长旺季，万物繁荣生长。

在民间，人们说“立夏吃蛋，石头踩烂”，也就是说，在立夏时吃鸡蛋，会变得有力气。有些地方还有在立夏称人的习俗，一边称重，一边说着吉利话，祝福健康和好运。

这两个鸡蛋我待
会儿就吃，也算
作我的体重吧！

称人

一候，蝼蝈鸣：蝼蝈晚上出来，时不时地鸣叫。
二候，蚯蚓出：气候温暖，蚯蚓也时常出来活动。
三候，王瓜生：王瓜的藤蔓快速攀爬生长。

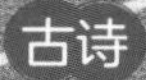

立夏四月节

唐 元稹

欲知春与夏，仲吕启朱明。
蚯蚓谁教出，王菰（gū）自合生。
帘蚕呈茧样，林鸟哺雏声。
渐觉云峰好，徐徐带雨行。

小满

小满，在公历 5 月 20 日 — 22 日交节。这时节，雨水增多，往往出现持续降雨的情况。

兄弟们都“作茧自缚”了，我也要赶紧藏起来。
祈蚕节

习俗

传说小满是蚕神的诞辰，江浙一带的人们在小满前后祈祷蚕神保佑，希望养蚕顺利，有个好收成。除此之外，人们还有吃苦菜的习俗。

苦菜虽苦，清凉解暑。

三候

一候，苦菜秀：苦菜已经长成，可以采摘食用。

二候，靡草死：在阴冷季节生长的植物，经不住夏日的炎热，都枯死了。

三候，麦秋至：麦粒已经成熟，等待收获。

鸟儿都被我吓跑了。

古诗

小满四月中

唐 元稹

小满气全时，如何靡草衰。
田家私黍稷，方伯问蚕丝。
杏麦修镰钐，锄（péng）芃（zhǎo）竖棘篱。
向来看苦菜，独秀也何为？

芒种

挂艾草

芒种，在公历 6 月 5 日 — 7 日交节。这时节，气温升高，雨量丰沛，南方人忙着种晚稻，北方人忙着收麦子。

煮梅子

煮梅子可不是个轻松的活。真的，你得时刻小心你的口水！

习俗

芒种前后，是梅子成熟的时节。但是新鲜梅子味道酸涩，需要加工后才能食用。与芒种和夏至较近的节日为端午节，有挂艾草、吃粽子和划龙舟等习俗。

三候

一候，螳螂生：小螳螂破壳而出。
二候，鶪（jú）始鸣：伯劳鸟鸣叫，聒噪又刺耳。
三候，反舌无声：群鸟齐鸣，反舌鸟反而不叫了。

古诗

芒种五月节

唐 元稹

芒种看今日，螳螂应节生。
彤云高下影，鴳（yàn）鸟往来声。
渌沼莲花放，炎风暑雨情。
相逢问蚕麦，幸得称人情。

夏至

夏至，在公历 6 月 21 日 — 22 日交节。夏至日，北半球的白昼时间达到全年最长，此后开始变短。气温持续升高，要注意消夏避伏。

新麦做的面就是爽口。

吃面

习俗

夏至这天，全国大部分地区都有吃面的习俗。尤其是凉面条，清凉爽口，让人食欲大开。在陕西等地，有夏至吃粽子的习俗。

荷叶粽子，清凉又提神。

吃粽子

三候

一候，鹿角解：有些鹿角开始脱落。

二候，蜩（tiáo）始鸣：知了不停地叫着。

三候，半夏生：半夏（一种草药）快速生长。

哦，我的角掉了。

古诗

夏至五月中

唐 元稹

处处闻蝉响，须知五月中。
龙潜渌水穴，火助太阳宫。
过雨频飞电，行云屡带虹。
蕤（ruí）宾移去后，二气各西东。

小暑

小暑，在公历 7 月 6 日 — 8 日交节，是暑热的开始，但还没到最热的时候。这时节，高温多雨，经常出现雷暴天气。

食新

习俗

人们把新收的大米、小麦磨成粉，做出面饼、面条等食物，与邻人分享，庆祝丰收。

古诗

小暑六月节

唐 元稹

倏忽温风至，因循小暑来。
竹喧先觉雨，山暗已闻雷。
户牖（yǒu）深青霭，阶庭长绿苔。
鹰鹯（zhān）新习学，蟋蟀莫相催。

三候

一候，温风至：夏日炎炎，热气逼人。

二候，蟋蟀居壁：蟋蟀离开田野，躲在庭院墙角洞穴中“面壁”，以避暑热。

三候，鹰始挚：幼鹰跟着老鹰，学习飞行和捕猎的技术。

荡秋千，吃西瓜。暑天尽管热，我自有办法。

把衣服被子晒一晒，不长虫子。

我的书晒好啦！

大暑

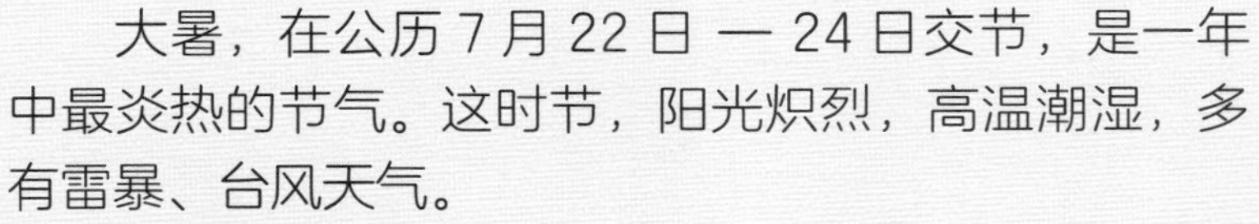

大暑，在公历 7 月 22 日 — 24 日交节，是一年中最炎热的节气。这时节，阳光炽烈，高温潮湿，多有雷暴、台风天气。

这种荔枝名“妃子笑”，是因为杨贵妃而出名的。

习俗

民间有大暑饮伏茶的习惯，泡上金银花、甘草等草药，可以清凉解暑。

三候

一候，腐草为萤：萤火虫幼虫从草丛里孵化，慢慢成熟。
二候，土润溽暑：天气闷热，土地潮湿。
三候，大雨时行：午后时常会下大雨，不久后又停止。

鱼不动，我不动。它喝水，我喝茶。
饮伏茶

古诗

大暑六月中

唐 元稹

大暑三秋近，林钟九夏移。
桂轮开子夜，萤火照空时。
菰果邀儒客，菰蒲长墨池。
绛纱浑卷上，经史待风吹。

七夕

相传每年七月初七，牛郎织女会在天上的鹊桥相会。

立秋，在公历8月7日—9日交节，是秋天的开始。天气依然炎热，由湿热多雨向清凉少雨过渡，万物开始由繁茂走向成熟。

农民把作物收到家里，利用自家的庭院、窗台、屋顶或墙壁晾晒，叫晒秋。

三候

一候，凉风至：清凉的风吹了起来。
二候，白露降：早晨经常见到白雾。
三候，寒蝉鸣：有的知了在秋天鸣叫，被称为“寒蝉”。

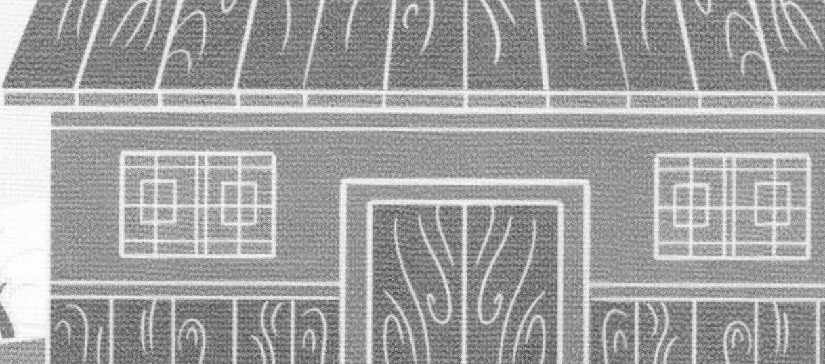

古诗

立秋七月节

唐 元稹

不期朱夏尽，凉吹暗迎秋。
天汉成桥鹊，星娥会玉楼。
寒声喧耳外，白露滴林头。
一叶惊心绪，如何得不愁。

处暑

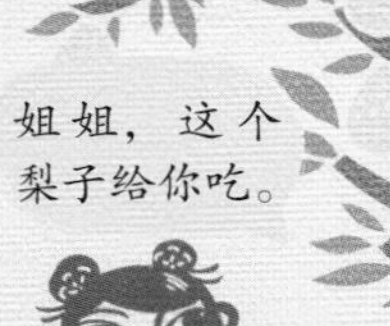

处暑，在公历 8 月 22 日 — 24 日交节，表示即将离开炎热。暑气渐渐消退，天气由炎热转向凉爽。

习俗

处暑以后，天气开始凉爽，是郊游的好时候。“七月八月看巧云”，说的就是这时候的游玩景象了。

三候

一候，鹰乃祭鸟：刚学会捕猎的老鹰把猎物摆出来，像是在感恩上天赐予的食物。

二候，天地始肃：空气变干变凉，秋意渐浓。

三候，禾乃登：许多谷类成熟，可以收获了。

古诗

处暑七月中

唐 元稹

向来鹰祭鸟，渐觉白藏深。
叶下空惊吹，天高不见心。
气收禾黍熟，风静草虫吟。
缓酌樽中酒，容调膝上琴。

丰收啦！今年的辛苦果然没白费！

白露

白露，在公历 9 月 7 日—9 日交节。此时暑热消退，昼夜温差变大，夜里会有凉意，早晨经常见到露水。

喝白露茶
来，尝尝我泡的白露茶。
谢谢。
太苦了，还是荔枝比较甜。

习俗

俗话说，“春茶苦，夏茶涩，要喝茶，秋白露”。白露茶甘醇清香，很受欢迎。

三候

一候，鸿雁来：鸿雁飞向南方，准备去那里过冬。
二候，玄鸟归：燕子也飞到南方过冬。
三候，群鸟养羞：许多留鸟开始收集食物，来应付寒冬。

古诗

白露八月节

唐 元稹

露沾蔬草白，天气转青高。
叶下和秋吹，惊看两鬓毛。
养羞因野鸟，为客讶蓬蒿。
火急收田种，晨昏莫辞劳。

秋分

秋分，在公历9月22日—24日交节。秋分日，全球昼夜等长，此后北半球昼短夜长。这时节，降雨机会大，气温也跟着降低。

传说，月亮上住着美丽的嫦娥仙子。
中秋
我看到啦！是不是那个？

三候

一候，雷始收声：秋分以后，雷声变少了。

二候，蛰虫坏（péi，通假字，通“培”）户：小虫藏在洞里，用细土封住洞口。

三候，水始涸：降水变少，有的季节性河流与湖泊都干涸了。

习俗

为了不让鸟雀破坏庄稼，人们把不包心的汤圆煮好，放在田边地角，让鸟雀来吃。这叫粘雀子嘴。

古诗

秋分八月中

唐 元稹

琴弹南吕调，风色已高清。
云散飘飖影，雷收振怒声。
乾坤能静肃，寒暑喜均平。
忽见新来雁，人心敢不惊？

寒露

寒露，在公历 10 月 7 日 — 9 日交节。这时节，降水减少，气候干燥，已经可以感觉到一些寒意。

习俗

寒露之后，连续降温，催红了山上的秋叶。这是登山赏红叶的好机会。

三候

一候，鸿雁来宾：早到南方的鸿雁欢迎后到的朋友们。

二候，雀入大水为蛤：鸟雀冲入水中捕鱼吃，有人以为它们变成了蛤类。

三候，菊有黄华：金黄色的菊花悠然绽放。

别着急，慢慢来。
那可不行啊，耽误了时间就麻烦了！

古诗

寒露九月节

唐 元稹

寒露惊秋晚，朝看菊渐黄。
千家风扫叶，万里雁随阳。
化蛤悲群鸟，收田畏早霜。
因知松柏志，冬夏色苍苍。

听说，菊花是隐士的最爱。难道蝴蝶也是隐士吗？

霜降

霜降，在公历 10 月 23 日 — 24 日交节。
这时节，气温骤降，昼夜温差大，空气干燥。

习俗

霜降时的柿子像灯笼一样，红红黄黄的，看起来就有暖意，吃起来又脆又甜。

三候

一候，豺乃祭兽：豺把捕获的猎物摆出来，祷告一番再食用。
二候，草木黄落：草木开始变黄，逐渐凋落。
三候，蛰虫咸俯：小虫趴在洞里，准备冬眠。

我是怀着诚敬的心去捕猎的。
摘一个“小灯笼”，然后吃掉它。
吃柿子

古诗

霜降九月中

唐 元稹

风卷清云尽，空天万里霜。
野豺先祭月，仙菊遇重阳。
秋色悲疏木，鸿鸣忆故乡。
谁知一樽酒，能使百秋亡。

立冬

立冬，在公历 11 月 7 日 — 8 日交节。这时节，气候由干燥少雨向寒冷阴雨转变，万物进入休养、收藏状态。

娘，这是什么花？
是兰花。

习俗

天气变冷，为了身体健康、补充营养，北方人喜欢吃饺子，南方人喜欢炖肉汤。

你想吃饺子吗？
北方
补冬
汪汪！

还是肉汤最营养。
南方

古诗

立冬十月节

唐 元稹

霜降向人寒，轻冰渌水漫。
蟾将纤影出，雁带几行残。
田种收藏了，衣裘制造看。
野鸡投水日，化蜃不将难。

三候

一候，水始冰：北方的天气已经很冷，水面开始结冰。
二候，地始冻：土壤中的水分凝结起来，大地被冻得很硬。
三候，雉入大水为蜃：野鸡掠过水面，有人以为它变成了蚌。

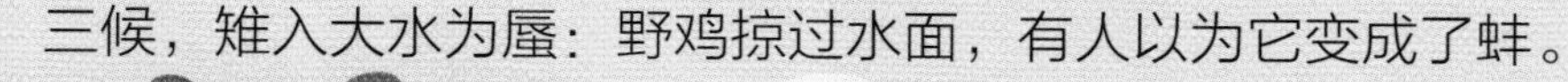

小雪，在公历 11 月 22 日 — 23 日交节。这时节，寒潮和冷空气活动频繁，天气越来越冷，降水量渐增。

糍粑是用糯米蒸熟捣烂后制成的美食，在南方某些地方，人们喜欢在农历十月吃糍粑。

三候

一候，虹藏不见：因为空气比较干燥，很少见到彩虹。
二候，天气升地气降：暖风消失了，冷空气占领地面。
三候，闭塞成冬：寒冷笼罩大地，像是把冬天牢牢地锁住了。

等会儿我把它们都做成泡菜。
今年的菜太多了。
“雨夹雪，下半月”啊！冬天真的来了。

古诗

小雪十月中

唐 元稹

莫怪虹无影，如今小雪时。
阴阳依上下，寒暑喜分离。
满月光天汉，长风响树枝。
横琴对渌醑（xǔ），犹自敛愁眉。

天气好
冷哦。
不如抱团
取暖！
好多肉哇，
得想办法搞
一串！
左腊肉，右
腊肠。冬天
有肉我不慌。
腌腊肉

大雪

大雪，在公历 12 月 6 日 — 8 日交节。这时节，气温显著下降，降水量增多。

三候

一候，鹖（hé）鴠（dàn）不鸣：由于天气寒冷，寒号鸟也停止了鸣叫。

二候，虎始交：老虎有了求偶的行为。

三候，荔挺出：一种叫荔的蔺草，在大雪中，孤零零地长出地面。

习俗

一些农户开始腌腊肉、腊肠，便于更好地储存肉类，给整个冬天备好美食。

古诗

大雪十一月节

唐 元稹

积阴成大雪，看处乱霏霏。
玉管鸣寒夜，披书晓绛帷。
黄钟随气改，鷃鸟不鸣时。
何限苍生类，依依惜暮晖。

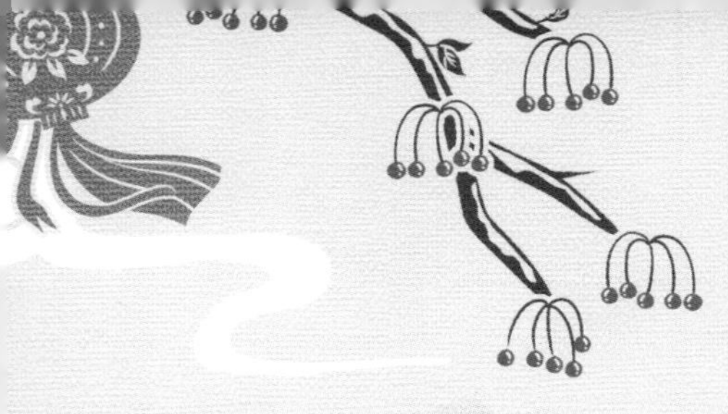

冬至

冬至，在公历 12 月 21 日 — 23 日交节。冬至日，北半球白昼时间最短，此后开始变长。冬至标志着严寒正式开始。

吃了饺子，
就不会冻坏
耳朵啦！
吃饺子
北

习俗

冬至时，北方人一般吃饺子，南方人吃汤圆。

吃了汤圆，
又长一岁。
南

吃汤圆

三候

一候，蚯蚓结：蚯蚓交缠成团，缩在土里过冬。
二候，麋角解：麋的角开始脱落。
三候，水泉动：可以听到冰面下泉水的流动。

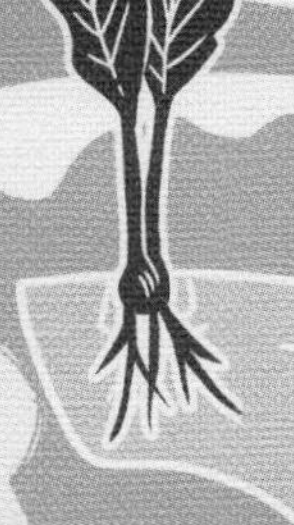
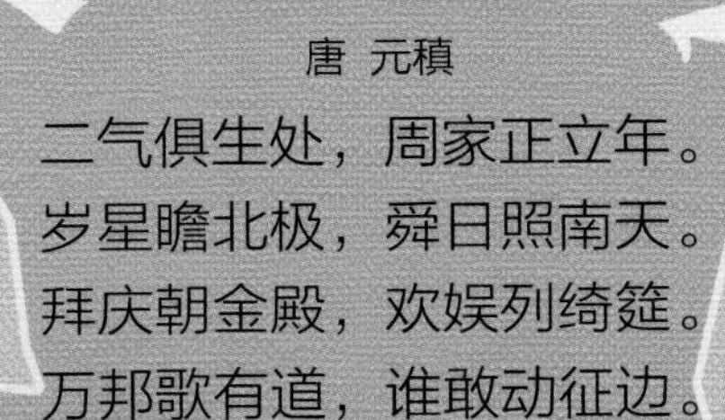

古诗

冬至十一月中

唐 元稹

二气俱生处，周家正立年。
岁星瞻北极，舜日照南天。
拜庆朝金殿，欢娱列绮筵。
万邦歌有道，谁敢动征边。

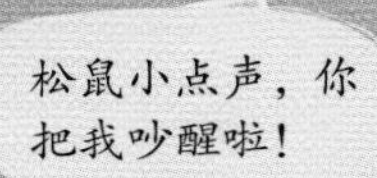
松鼠小点声，你
把我吵醒啦！

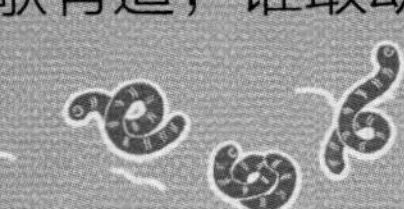

小寒

小寒，在公历 1 月 5 日 — 7 日交节。这时节，天气很冷，但还没有冷到极点。

三候

一候，雁北乡：古人认为有些雁已经开始往北飞。

二候，鹊始巢：喜鹊开始筑巢，准备繁育下一代。

三候，雉始鸲（gòu）：野鸡因阳气萌动而开始鸣叫。

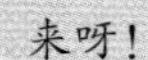

来呀！

“过了腊八就是年”，先来碗腊八粥尝尝。
呜呜，车来啦！
来呀！
“不经一番寒彻骨，怎得梅花扑鼻香？”啊，真香！
探梅

习俗

小寒时节，蜡梅开放，是赏梅的好时机。

古诗

小寒十二月节

唐 元稹

小寒连大吕，欢鹊垒新巢。
拾食寻河曲，衔紫绕树梢。
霜鹰近北首，雊雉隐丛茅。
莫怪严凝切，春冬正月交。

大寒

大寒，在公历 1 月 20 日 — 21 日交节。这时节，寒潮南下，是一年中最冷的时候。

大寒迎年
新年要来了，脏的旧的全丢掉。

习俗

春节就要到了，人们洗澡、大扫除、买年货、办宴会，以各种方式迎接新年。

古诗

大寒十二月中

唐 元稹

腊酒自盈樽，金炉兽炭温。
大寒宜近火，无事莫开门。
冬与春交替，星周月讵存？
明朝换新律，梅柳待阳春。

三候

一候，鸡始乳：母鸡开始孵化小鸡。
二候，征鸟厉疾：老鹰等猛禽在寒风中捕猎。
三候，水泽腹坚：河流湖泊里的冰越结越厚。

孩子，你出生得正是时候。今天是大年初一。
福
福
春

剪纸

『入选人类非物质文化遗产代表作名录的珍贵艺术』

- 中国剪纸艺术源远流长，内涵丰富，从诞生至今约有1500年历史。

- 战国时期的皮革镂花、银箔镂空刻花等工艺，为剪纸艺术的形成奠定了基础。

- 目前发现的最早的剪纸作品是新疆吐鲁番火焰山附近出土的北朝时期的五幅团花剪纸。

- 唐代是剪纸的发展时期，剪纸图案已用于印染布匹等手工业。此时绘画与剪纸相结合，多用于宗教装饰，图案精美而复杂。

- 剪纸到宋代已相当普及，在民间生活领域的运用扩大。其中，用剪纸形式将动物皮雕刻成人物造型，逐渐发展成了皮影戏剧艺术。南宋时，出现了以剪纸为职业的行业艺人。

- 明清时期，剪纸手工艺术走向成熟，达到鼎盛，剪纸在人们的生活家居中广泛运用。

- 现代以来，剪纸艺术空前繁荣，传统的民间剪纸发生了革命性的变化。艺术家们用速写和剪影的形式描绘风俗民情，儿童、体育、杂技、歌舞成为剪纸最常见的题材。

- 2009 年，中国剪纸入选联合国教科文组织人类非物质文化遗产代表作名录。

我们承载了许多优秀的传统文化，希望大家能多了解我们，喜欢我们。